传统文化有意思

段张取艺 著绘

古人怎么上厕所

U0225770

男 女

中信出版集团｜北京

图书在版编目（CIP）数据

古人怎么上厕所 / 段张取艺著绘 . -- 北京 : 中信
出版社 , 2023.7
（传统文化有意思）
ISBN 978-7-5217-5775-0

Ⅰ . ①古… Ⅱ . ①段… Ⅲ . ①卫生间－历史－中国－
儿童读物 Ⅳ . ① TU241.044-49

中国国家版本馆 CIP 数据核字 (2023) 第 109193 号

古人怎么上厕所

（传统文化有意思）

著　　绘：段张取艺
出版发行：中信出版集团股份有限公司
　　　　　　（北京市朝阳区东三环北路27号嘉铭中心　邮编　100020）
承 印 者：北京联兴盛业印刷股份有限公司

开　　本：787mm×1092mm　1/16　　　印　　张：2.5　　　字　　数：35千字
版　　次：2023年7月第1版　　　　　　印　　次：2023年7月第1次印刷
书　　号：ISBN 978-7-5217-5775-0
定　　价：20.00元

出　　品：中信儿童书店
图书策划：将将书坊
总 策 划：张慧芳
策划编辑：高思宇
责任编辑：袁慧
营　　销：中信童书营销中心
封面设计：姜婷　佟坤
版式设计：佟坤　李艳芝

小朋友们，看我看我！我是小飞龙，别看我个子小，我可是能穿越时空的哟！

　　上厕所，也可以叫方便，或是叫更衣，除此之外，还有好多种叫法。为什么上个厕所有这么多奇奇怪怪的叫法呢？现代人上厕所十分方便，可是古时候的人呢？我们擦屁屁可以用卫生纸、湿厕纸等各种纸，那古人们用什么来擦屁屁呢？

　　现在就让我们一起出发，进行一次关于上厕所的奇妙旅程吧！

出门踩屎的烦恼

　　一开始，人们还没有发明厕所的时候，大家想要解手就只有一种方式——随地大小便！你没看错，就是随地大小便。等到越来越多的人聚居在一起后，烦恼也就来了：一不小心就会踩到屎！

　　本想开开心心地去打个猎、采集点果子，却一脚踩了一泡新鲜热乎的屎，实在是影响心情！于是，人们开始安排设计专门拉屎的地方。

粪坑：考古学家在半坡遗址发现，当时的人们安排了专门拉屎的地方——挖个土坑，满了就埋起来，然后再挖一个新的。这就是粪坑。

茅房诞生记

人类社会在发展，人们开始想办法让自己蹲坑的时候更舒服点。

加个垫脚的木板或是
石板，脚就舒服了很多。

搭个茅草棚子，下雨的
时候也能安心拉屁屁了。

早期的建筑材料主要是茅草，所以厕所又叫作茅房。

到现在都能见到这种茅房……

安安静静拉个屎，舒坦!

再用树枝、茅草搭个墙壁，拉屎的时候就不用担心被别人盯着看了。就这样，真正意义上的厕所诞生了!

《周天子的高端厕所》

用蓄水池储水!

到了西周的时候，周天子的厕所不再是简陋的茅草房了，不仅不简陋，还设计了用水冲洗的系统!

《周礼》记载，西周宫廷厕所建有收集污水的蓄水池，用蓄水池里的水冲洗厕所，将屎尿冲入粪坑。

便池设计成斜口，方便冲水!

王宫有专门的宫人负责厕所卫生，粪便会被及时清理，
保证厕所不会有什么味道，影响天子上厕所的心情。

厕所深了会坑人

粪坑里的屄屄满了后必须及时清理，但清理粪坑并不是件令人愉快的事情。因此，人们就把粪坑挖得很深很深，这样可以减少清理的次数。

缸式厕所：除了深坑之外，还有一种容量大的厕所，即在浅坑里放置大缸，缸内盛水，缸口架两个木板落脚，这样清理起来更方便。

只不过，坑挖得深了也会带来一定的风险。据《左传》记载，春秋时期，晋景公因在饭前闹肚子而去了趟厕所，结果掉进坑里死了。

这恐怕是死得最特别的国君了。

咕咚!

"上厕所"的由来

为什么我们会说"上厕所"而不是"下厕所"？有种观点是：在秦汉时期，人们把厕所和猪圈建在一起，厕所修建在猪圈一角的高台之上，久而久之就形成了"上厕所"的说法。

这样就不用人来清理了。

这样修建厕所的目的是什么呢？其实是人们发现猪居然吃屎！而古时候饲养猪的成本很高，用屎屎来喂猪可以节省一部分饲料，同时还可以清理粪便，这不正好一举两得嘛。

猪厕：分为两种形式，一种是利用猪来清理粪便，另一种是猪圈和厕所建在一起，方便将猪粪和人粪汇集到一起做粪肥。

不想去厕所的绝招

不想去厕所怎么办？尤其是晚上睡觉之后，谁也不愿意跑到外面去上厕所。于是人们想了个偷懒的办法：搞个器皿接小便就行。人们还把这个器皿做成老虎的样子，大家管这玩意儿叫虎子。

前端开口，背有提手！

汉代有个职位叫作侍中，需要负责很多工作，其中一项就是为皇帝拿虎子。当时的大将军卫青就担任过侍中。

大家都是刮屁股

如今，上厕所用纸擦屁股是一件普通得不能再普通的事。可是，纸是汉代才发明出来的，十分昂贵，谁也没想过用它擦屁股。古时候，大家用一种叫厕筹的东西来擦屁股，准确地说是刮屁股。

厕筹：削得光滑的竹片或木片，可以重复使用。厕所通常备两个桶，一个放干净的厕筹，一个放用完的厕筹。脏了的厕筹就用水洗干净后再利用。

厕筹用锦囊装好了！

要多少有多少！

上个厕所还要更衣

可是，再高级的厕筹也刮不干净拉完囮囮的屁屁，没条件的人只能接受屁股臭烘烘的事实，有条件的人会用清水冲洗，甚至熏香、沐浴，上厕所的过程才算结束。

古人的衣服复杂，里里外外，长长短短，不脱掉外面的长衣就没办法顺利拉囮囮。像石崇那样的人，上完厕所还要换身衣服。因此，上厕所也被叫作更衣。

17

终于可以用纸擦了

多亏了造纸术，咱们有厕纸用啦!

到了宋朝，造纸技术有了长足的发展，纸的品类变得十分丰富，制作成本也极大地降低了，应用场景涉及人们生活的方方面面。人们终于可以用厕纸来擦屁股了。

厕纸：唐朝时期便有用纸擦屁股的记录，但从宋朝开始才有专门的厕纸。当时厕纸又叫毛纸、粗纸，用稻草做成，呈黄色，摸起来十分粗糙。

19

"与人方便" 的公厕

　　城市规模越来越大，人口越来越多，在外面上厕所的需求变大了，私营公厕开始出现。明清时期的一些城市就有人做这桩"与人方便"的生意，据说这也是上厕所被称为"方便"的由来。

幸好有公厕，真是方便。

公厕的获利方式有两种：一种是赚方便钱，一种是收集粪便卖钱。古时候，粪便是重要的肥料来源，经过处理卖给农户，可获得收益。

清代有一篇小说讲了一个故事：一个叫穆太公的人将公厕开到了乡村，厕所干净整洁，还分男女，不收钱又提供厕纸，引得男女老幼都来光顾，穆太公凭借卖粪赚了不少钱。

紫禁城里没厕所

紫禁城里没有那种挖有粪坑的厕所，而是用专门的房间放置马桶，宫女、太监就在这种房间上厕所。

马桶：名字由"马子"衍生而来。现在马桶被用来统称各种坐便器。

这可是太后用的，仔细些！

皇帝和他的家人用的也是马桶，不过他们的马桶材质更贵重，装饰得更豪华，打扫得更干净，使用起来更舒适。

不可忽视的收粪人

清代的城市没有完善的下水道系统，城市居民用马桶上完厕所，必须等到收粪人路过时抓紧时间倒马桶。收粪人收集完粪便后再运送出城。

整个城市分成很多个片区，每一片居民区都有专门的收粪人。毕竟粪便能卖钱，要是跨区收粪可能还会闹矛盾呢！

原始的解手方式

到了近代，城市人口大量增加，厕所建设的速度远远跟不上人口增长的速度，上厕所几乎成了令所有城市居民头疼的问题。

北京有一种不带顶的露天厕所，只用砖头砌成成年人肩膀高的矮墙遮羞，甚至都没有门。

这个角落好臭！

这也是没办法！

民国时期，有的城市因为厕所数量不够，竟流行起就地解手，隐秘的角落几乎都成了人们默认的解手空间。

城市发展的噩梦

民国时期，城市的卫生情况不容乐观，有的城市私营公厕虽多，但环境很差，臭味四散，而且几乎没有女厕。新旧交替中的城市急需解决这些看似不起眼，却至关重要的问题。

以上关于上厕所的问题不仅让城市臭气熏天，还会使各种病菌滋生，甚至引发传染病流行。因此，中华人民共和国成立后，解决厕所问题成了国民卫生改革的重中之重。

看不见的地下网络

排污网络是城市卫生保障的基础。安一个抽水马桶并不难，难的是建设相应的自来水管道、下水道、污水池等。中华人民共和国成立后，城市和乡村都在浩浩荡荡地进行地下排污网络的建设。

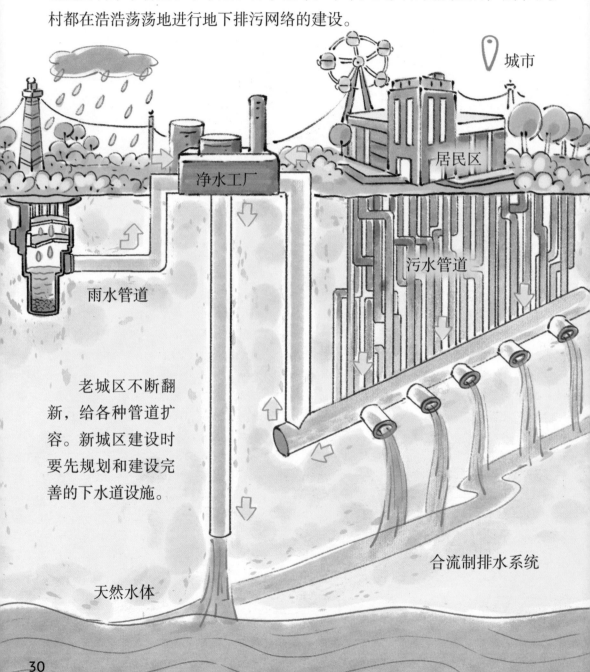

城市

净水工厂

居民区

雨水管道

污水管道

老城区不断翻新，给各种管道扩容。新城区建设时要先规划和建设完善的下水道设施。

天然水体

合流制排水系统

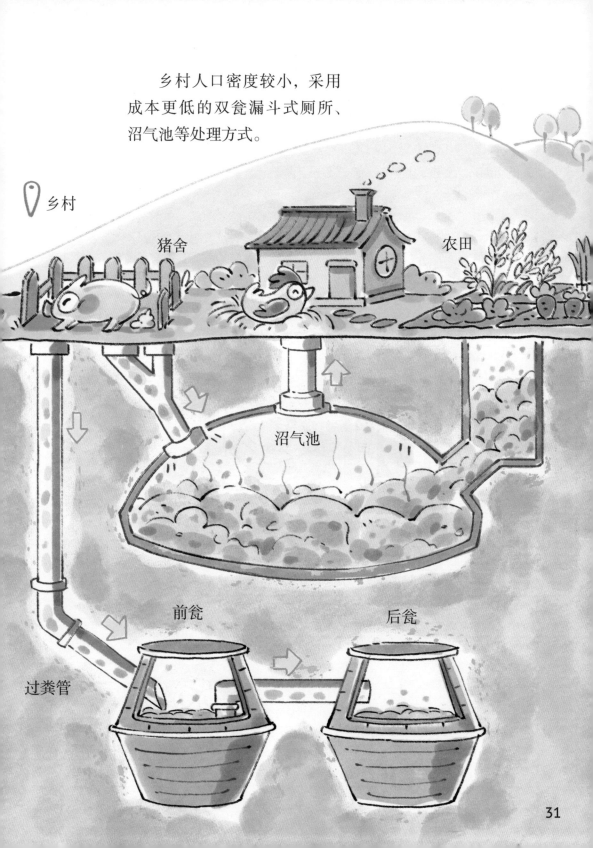

乡村人口密度较小，采用
成本更低的双瓮漏斗式厕所、
沼气池等处理方式。

乡村

猪舍

农田

沼气池

前瓮

后瓮

过粪管

31

《现代城市的方便生活》

经过几十年的努力建设，我们的城市拥有了强大健全的排污系统，在城市规模日益扩大、人口不断增加的同时，保障着我们每天的如厕，让我们能安心学习、工作。

干净整洁的公厕

家里用的抽水马桶

移动厕所

乡村的新厕所

公厕

能舒舒服服上个厕所太幸福了。

虽然古代有很多有趣的东西，但厕所还是新一点吧！

知 识 加 油 站

上厕所的不同说法

出恭

古代科举考试期间，考生好几天都不能离开考场，所以从元代起，考场便设有"出恭入敬"的牌子，如果想去厕所，就必须先领这个牌子。因此"出恭"就成了上厕所的文雅说法。

净手

上完厕所需要洗手，所以有些人会用"净手"来委婉地指代上厕所。

起夜

专用于半夜上厕所的情况，因为需要从床上起来，所以简称"起夜"。

放水火

据说，因为人内急之时，犹如身陷水火之中一样痛苦，所以大小便也被称为"水火"。古代监狱的官差会用"放水火"的委婉说法，放犯人去大小便。

知 识 小 趣 闻

"解手" 一词的来历

明朝初年，中原地区经历多年天灾和战乱，人口锐减，皇帝就下令从山西地区抽调百姓，补充中原人口。

据说，当时人们不愿意离开家乡，但被官兵拿绳子绑住手强行押送。洪洞县有一棵极大的槐树，是那些移民最后集合离开的地方，所以"洪洞大槐树"成了他们独特的祖先标识。

被绑住手的移民如果想上厕所，就需要让官兵解开手上的束缚。久而久之，上厕所就被称为"解手"。

解手!

这批移民的后代又陆续迁徙到全国各地，如果你的老家也有"解手"的说法，可以问问大人们："我们也是从洪洞大槐树那边移民过来的吗？"

参考书目

[1] 周连春.雪隐寻踪——厕所的历史 经济 风俗 [M].合肥：安徽人民出版社,2005.

[2] 徐卫民.大风起兮 图说秦汉 [M].北京：商务印书馆,2016.

[3] 曲水.你不知道的古人生活冷知识 [M].北京：中国友谊出版公司,2021.

[4] 李经纬,梁峻,刘学春.中华医药卫生文物图典：陶瓷卷第二辑[M].白永权,译.西安：西安交通大学出版社,2017.

[5] 沈从文.中国古代服饰研究 [M].上海：上海书店出版社,2011.

[6] 春梅狐狸.图解中国传统服饰 [M].南京：江苏凤凰科学技术出版社,2019.

[7] 刘永华.中国服饰通史 [M].南京：江苏凤凰少年儿童出版社,2020.